Annika Wiener

Forscherstunde im Mathematikunterricht: Die Zahlenmauer

2. Klasse, Grundschule

GRIN Verlag

Bibliografische Information der Deutschen Nationalbibliothek:

Die Deutsche Bibliothek verzeichnet diese Publikation in der Deutschen Nationalbibliografie; detaillierte bibliografische Daten sind im Internet über http://dnb.d-nb.de/ abrufbar.

Impressum:

Druck und Bindung: Books on Demand GmbH, Norderstedt Germany
ISBN: 978-3-656-92706-8

Dieses Buch bei GRIN:

http://www.grin.com/de/e-book/294775/forscherstunde-im-mathematikunterricht-die-zahlenmauer

Inhalt

1. Stellung der Unterrichtsstunde – Entwickeln einer Sequenz

Die Unterrichtsstunde „Wir erforschen die Zahlenmauer" dreht sich primär um die Hintergründe beim Ausrechnen und nicht um das Rechnen selbst. Wie der Name schon sagt, handelt es sich folglich um eine Forscherstunde. Diese ist nicht in eine bestimmte Sequenz des Mathematikunterrichts dieser zweiten Schulklasse eingebaut. Es war mein Wunsch im Rahmen dieses studienbegleitenden Praktikums einmal etwas Neues auszuprobieren, das weder ich, doch die Schülerinnen und Schüler[1] vorher kannten. Die Lehrkraft Frau N. hat das Stundenthema als eine Art Versuch aufgenommen und sich weder in vorherigen Stunden darauf bezogen, noch in nachfolgenden Stunden darauf aufgebaut.

Genau genommen sind Forscherstunden als Sequenz aufzubauen, in denen man am besten jeweils doppelstündig in Blöcken vorgeht. Auf mein Stundenthema bezogen, hätte man mit der Wiederholung der Zahlenmauer als zum Teil komplexe Rechenaufgabe einsteigen können. Darauf folgend die Forscheraufgabe der Anzahl der Variationsmöglichkeiten der Grundsteine stellen können und danach auf Besonderheiten bei der Zusammensetzung des Decksteins eingehen können. Da es sich hierbei aber lediglich um einen Unterrichtsversuch handelt und nur eine Unterrichtsstunde zur Verfügung steht, weicht dieses Schema von der möglichen Unterrichtssequenz ab.

Im Lehrplan 2000 könnte man das Stundenthema teils der Kombinatorik zuweisen. Die Schüler müssen die Anzahl der möglichen Variation von drei unterschiedlichen Grundsteinen herausfinden. Kombinatorik ist für die zweite Jahrgangsstufe ein „Sternchenthema" weshalb die Durchnahme des Inhalts auf freiwillige Basis für die Lehrkraft besteht. Hier wird im Lehrplan auch festgehalten, dass leistungsschwächere Kinder nur einige Möglichkeiten durch Probieren finden müssen, wohingegen von Leistungsstärkeren erwartet wird, dass sie durch Handeln und Zeichnen auf alle Möglichkeiten kommen. Hierbei sollte auch

[1] Im Folgenden werden zur Vereinfachung nur noch maskuline Formen (Schüler, Zweitklässler, Lehrer) verwendet.

erwähnt werden, dass eine systematische Vorgehensweise entwickelt werden sollte.[2]

Des Weiteren wird im Lehrplan aus dem Jahr 2000 schon Wert darauf gelegt, dass die gefundenen Lösungswege von Schülern dargestellt und beschrieben werden. Wenn möglich sind hier auch schon Begründungen der Vorgehensweise verlangt. Dieses Finden von unterschiedlichen Lösungswegen und vor allem auch das Präsentieren derer vor der Klasse, stehen bei Forscheraufgaben im Mittelpunkt.

Diese Kapitel stehen im Lehrplan 2000 erst am Ende der zweiten Jahrgangsstufe im Fachprofil Mathematik. Im neuen Lehrplan Plus, der erst im September 2014 in Kraft treten wird, wird der zuletzt genannte Punkt unter der prozessbezogenen Kompetenz namens Probleme lösen zusammengefasst. Das Erreichen verschiedener Kompetenzen im Mathematikunterricht wird nun in den Vordergrund gestellt.

„*Probleme zu lösen* lernen die Schülerinnen und Schüler, wenn sie ihre bereits vorhandenen mathematischen Kenntnisse, Fähigkeiten und Fertigkeiten bei der Bearbeitung herausfordernder oder unbekannter Aufgaben anwenden und dabei Lösungsstrategien entwickeln und nutzen. Dabei müssen sie auch in der Lage sein (...) Lösungen plausibel darzustellen.“[3]

Zudem wird in der im Folgenden vorgestellten Forscherstunde das Argumentieren gefördert. Die Schüler erkennen mathematische Zusammenhänge und suchen Begründungen für ihre im Rahmen ihrer Möglichkeiten entwickelten Lösungswege. Diese werden im Anschluss alleine oder auch in Gruppen ihren Mitschülern erklärt. Das Kommunizieren wird also gleichermaßen angeregt, da sich die Zweitklässler in Gruppen über ihre gewonnenen Entdeckungen und Wege austauschen und dadurch auch versuchen, ihre Ergebnisse den anderen nachvollziehbar zu beschreiben. Schließlich verwenden die Schüler hierbei geeignete Darstellungen, in der Aufgabe der Zahlenmauern die Punktedarstellung, wodurch die Kompetenz des Darstellens angesprochen wird. Das allgemeine Darstellen einer Aufgabe dient der verständnisbasierten mathematischen Bildung. Es kann den leistungsschwächeren Schülern beim Lösen und Verstehen der

---

[2]Vgl. Lehrplan für die bayerische Grundschule (2000), Kapitel III, Fachlehrpläne, Mathematik, Jahrgangsstufe 1/2. S.102.
[3] http://www.lehrplanplus.bayern.de/fachprofil/grundschule/mathematik, aufgerufen am 29.05.2014.

Aufgabe helfen und gleichzeitig können stärkere Kinder dadurch zeigen, dass sie ihre Ergebnisse verstanden haben.

In Forscheraufgaben werden mehrere prozessbezogene Kompetenzen gleichermaßen gefordert, worauf ich allerdings im Kapitel 4.2 näher eingehen werde.

2 Vorüberlegungen

2.1 Fachliche Vorüberlegungen

Was sind Forscheraufgaben?

Immer wieder wird gefordert, dass man die Schüler an ihrem aktuellen Lernstand abholt und von dort ausgehend individuell fördert. Jedoch ist es für eine Lehrkraft schwer möglich den Lernstand jedes einzelnen Schülers umfassend zu diagnostizieren, und jedem Kind dauerhaft seinen Möglichkeiten entsprechend angepasste Aufgaben zu stellen. Eine mögliche Lösung um diese Situation optimal zu meistern sind Forscheraufgaben. Diese Aufgabenform kann unterschiedlich stark geöffnet sein. Grundlegend ist aber, dass den Schülern überlassen wird, wie sie vorgehen und der Lösungsweg lediglich durch Hilfestellungen des Lehrers begleitet wird. Zudem ist die Darstellungsform der Ergebnisse frei wählbar. Es werden Zahl- oder Aufgabenbeziehungen untersucht und Zusammenhänge und Auffälligkeiten entdeckt.[4] [5]

Im Allgemeinen soll das flexible Denken geschult werden. Durch indirektes Anwenden mathematischer Gesetze (Assoziativ-, Kommutativ-, Distributivgesetz), spezifischer Aufgabenformen (Umkehraufgaben, Tauschaufgabe...) und vielen anderen Teilschritten, wird die Mathematik umfassend und vernetzt betrachtet. Folglich kommt das Prinzip des operativen Denkens zum Einsatz.[6]

Ich – Du – Wir – Phase

Eine oft beschriebene Vorgehensweise beim Behandeln von Forscheraufgaben im Unterricht stellt die Ich – Du – Wir – Phase dar. Dies bedeutet, dass man vorerst jeden Schüler alleine für sich rechnen lässt. Hier soll der Einzelne sich individuell entfalten können und unterschiedliche selbstgewählte Rechenwege erproben. Schwächere Schüler können hier schon die offensichtlichen Ergebnisse erkennen, wohingegen leistungsstärkere Schüler bereits weiterdenkend arbeiten können. Somit wird die natürliche Differenzierung unterstützt.

---

[4]Vgl. Sundermann, B./Selter, Ch.: Mit Eigenproduktionen individualisieren. In: Christiani, R (Hrsg.): Jahrgangsübergreifend unterrichten. Berlin 2005, S.125f. und 133.
[5]Vgl. Nührenbörger, M./Verboom, L.: Mathematikunterricht in heterogenen Klassen im Kontext gemeinsamer Lernsituationen, Modul G 8: Eigenständig lernen – Gemeinsam lernen. Aus SINUS-Transfer Grundschule Mathematik. Kiel 2005, S.9.
[6] Vgl. Padberg, F: Didaktik der Arithmetik für Lehrerausbildung und Lehrerfortbildung. München 2007. S.94f.

Daraufhin folgt die Du – Phase. Nun bilden sich kleinere Schülergruppen, die untereinander ihre Ergebnisse austauschen. Hier können Leistungsschwächere von ihren Mitschülern unterstützt werden und dabei ihre Meinungen miteinbringen. Die Leistungsstärkeren lernen hier vertieft die prozessbezogene Kompetenz des Argumentierens, indem sie ihren Mitschülern ihre Erkenntnisse vorstellen und versuchen den gewählten Rechenweg nachvollziehbar darzustellen.

Anschließend können die Gruppen in der Wir – Phase ihre Ergebnisse der ganzen Klasse präsentieren. Jetzt liegt zudem ein Schwerpunkt auf mehreren prozessbezogenen Kompetenzen. Die Schüler stellen argumentativ ihren Rechenweg zur Lösung des Problems dar.

Die einzelnen Phasen müssen nicht nach dem Schema nacheinander bearbeitet werden. Man kann beispielsweise einzelne Schüler in der Ich – Phase lassen oder direkt mit der Du – Phase einsteigen.

Die Zahlenmauer

Es gibt konkrete Realisierungen der Forscheraufgaben, eine davon ist die Zahlenmauer. Das Aufgabenformat der Zahlenmauer birgt viele Teilinhalte der Mathematik. In der Literatur ist sie oft unter anderen Bezeichnungen, wie Rechenpyramide, Rechenmauer oder Ziegelmauer zu finden. Wir betrachten im folgenden Zahlenmauern mit drei Grundsteinen. Je nach gewünschtem Schwierigkeitsgrad kann die Anzahl der Grundsteine beliebig erweitert werden.

Grundlegend kann man sagen, dass bei n Grundsteinen (n ist also eine natürliche Zahl) die Zahlenmauer ½*n(n+1) Steine enthält. Für n=2, 3, 4, 5, ... ist die Anzahl der Steine also 3, 6, 10, 15... . Diese Folge ist auch als Folge der Dreieckszahlen bekannt. Wir beginnen bei n gleich zwei, da eine Zahlenmauer mit nur einem Grundstein keine weiteren Steine besitzt, demnach handelt es sich dann nicht wirklich um eine Mauer, somit wird diese meist als entartete Rechenmauer bezeichnet.[7]

Eine einfache Zahlenmauer setzt sich aus drei Grundsteinen, zwei darauf sitzenden Steinen und einem Deckstein zusammen, also insgesamt aus drei

[7]Vgl. Schwarz, W.: Didaktik der Arithmetik in Primarstufe und Orientierungsstufe, Fachdidaktischer Hintergrund und Materialien für den Unterricht in den Klassen 1 bis 6. Wuppertal 1999. 172ff.

Etagen. Immer zwei nebeneinanderstehende Zahlen addiert ergeben die Zahl darüber. In der folgenden Abbildung von Dr. Angela Bezold wird das Berechnen der einzelnen Zahlen verdeutlicht[8]:

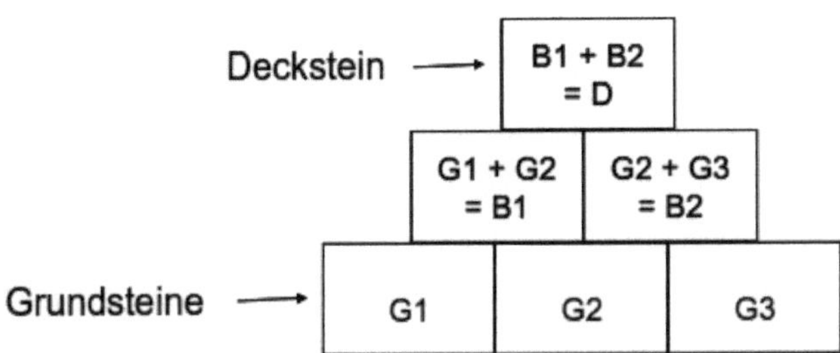

Grundlegend ist folglich die Addition und - beispielsweise beim Fehlen der Grundsteine - die Subtraktion. Somit wird unter anderem die Reversibilität der beiden Grundrechenarten bewusst gemacht. Denn addiere ich die beiden Grundsteine G1 und G2, so erhalte ich B1. Fehlt mit allerdings G1, dann kann ich B1 minus G2 rechnen. Des Weiteren wenden die Kinder, oft unterbewusst, bei diesem Aufgabenformat das Kommutativgesetz bezüglich der Addition an.

Je nach dem, wie man die Forscherfragen stellt, kann man viele verschiedene Besonderheiten der Zahlenmauer entdecken. Hierbei kann zwischen gezielten und offenen, freien Forscherfragen unterschieden werden. Gezielt gestellt wäre beispielsweise die Frage nach den Auswirkungen der Erhöhung des mittleren Grundsteins (G2) um 10. „Welche Besonderheiten entdeckst du?“[9], wäre hingegen ein Beispiel für eine sehr offen gestellte Forscherfrage. Für das Erkennen bestimmter Schemata und mathematischer Beziehungen ist es von Bedeutung Rechenmauern mit gleichen Grundsteinen zu verwenden. So kann den Schülern beim Vergleichen auffallen, dass Zahlenmauern mit gleichem mittleren (G2) und nur vertauschten äußeren Grundsteinen (G1, G3) den gleichen Deckstein besitzen. Hier kann als mathematischer Hintergrund das Kommutativ- und das Assoziativgesetz genannt werden, denn (G3+G2)+(G2+G1) entspricht (G1+G2)+(G2+G3) was wiederum den Deckstein ergibt. Insgesamt gibt es mit drei

[8] PowerPointPräsentation des Begleitseminars

[9] Vgl. Bezold, A.: Förderung von Argumentationskompetenzen durch selbstdifferenzierende Lernangebote. Eine Studie im Mathematikunterricht der Grundschule. Hamburg 2009. S.113.

Grundsteinen sechs Möglichkeiten diese anzuordnen und da bei immer zwei Anordnungen der gleiche Stein in der Mitte steht, gibt es nur drei unterschiedliche Decksteine. Daraus ergibt sich auch schon eine nächste Frage nach dem Zusammenhang der Grundsteine mit der Größe des Decksteins. Entdeckt werden kann nun, dass der größte mittlere Grundstein den größten Deckstein ergibt und andersherum. Kinder, die bereits verstanden haben, wie sich der Deckstein genau zusammensetzt, vertiefen somit ihre Erkenntnis und andere wiederum gehen einen Schritt näher auf das Entdecken der genauen Bestandteile des Decksteins zu. Im nächsten Schritt soll die bei vielen bereits gewonnene Erkenntnis auch allgemein dargestellt werden können. Als Material können hier farbige Pappkreise dienen, die jeweils für einen der Mittelsteine stehen. Nun wird auch den schwächeren Schülern deutlich, dass der mittlere Grundstein zweimal im Deckstein enthalten ist, was bestenfalls durch die leistungsstärkeren Mitschülern erklärt wird.

Für Experten ist es möglich noch spezifische oder weiterführende Fragen zu stellen. Somit werden diese Schüler weiterhin gefordert und können sich individuell noch weiterentwickeln. In dem Aufgabenformat der Zahlenmauer kann zum Beispiel nach möglichen Grundsteinen, die alle gleich groß sein sollen, zu einem gewissen, festgelegten Deckstein gefragt werden.[10]

Weiterführend kann man Zahlenmauern betrachten mit aufeinanderfolgenden Grundsteinen. Da kann man erkennen, dass die zweite Stufe aus nur ungeraden Zahlen besteht und die darauffolgende Ebene aus der Viererfolge kommt. Bei mehrstöckigen Zahlenmauern geht es nun weiter mit Achterfolgen. Das ergibt sich daraus, dass ich bei den Grundsteinen immer eine gerade Zahl mit einer ungeraden addiere. Folgende selbsterstellte Abbildung soll die mathematischen Hintergründe deutlicher machen.

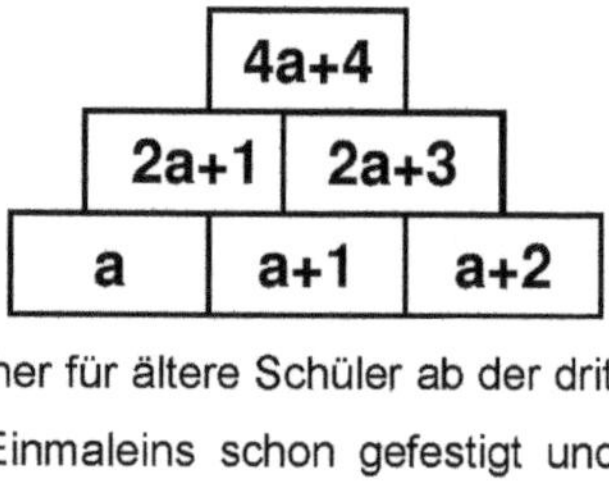

4a+4

2a+1 | **2a+3**

a | **a+1** | **a+2**

Diese Aufgabenstellung eignet sich nun eher für ältere Schüler ab der dritten oder vierten Klasse. Denn hier müsste das Einmaleins schon gefestigt und flexibel

[10]Vgl. Bezold, A.: Förderung von Argumentationskompetenzen durch selbstdifferenzierende Lernangebote. Eine Studie im Mathematikunterricht der Grundschule. Hamburg 2009. S.112 – 116.

anwendbar sein. Bestimmte Hintergründe sollten den Schülern bereits bekannt sein.

Die zwei folgenden Abbildungen stammen von Viertklässlern.[11]

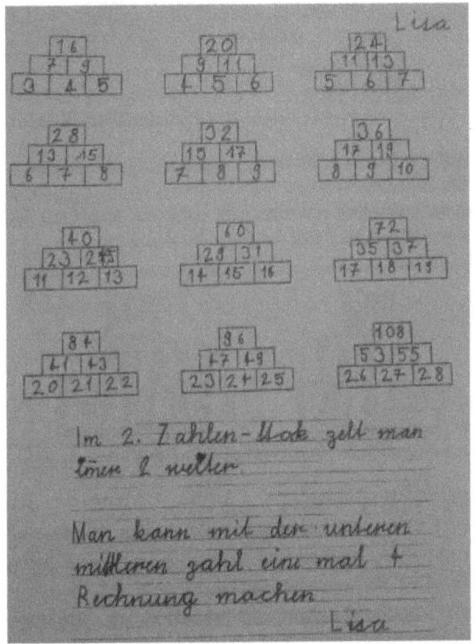

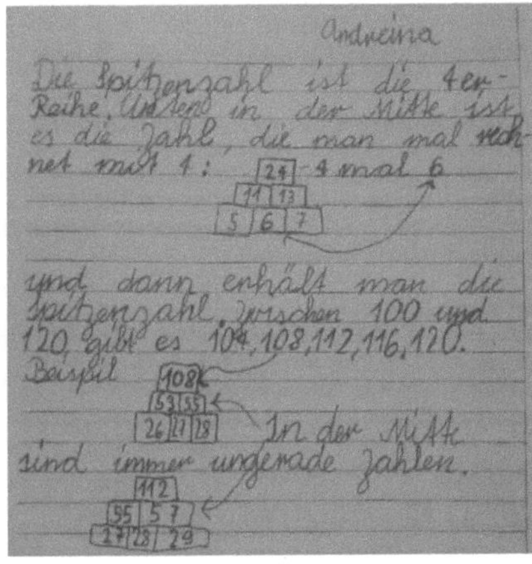

Da die Unterrichtsstunde allerdings nur den zuerst genannten Forscherauftrag beinhaltet, werde ich auf die mögliche Weiterführung nun nicht mehr näher eingehen.

2.2 Pädagogische Vorüberlegungen

Klassensituation:

Die Praktikumsklasse wird von 22 Schülern an der Grundschule in H. besucht. Sechs Mädchen und sechzehn Jungen werden in dieser zweiten Klasse von Frau N. unterrichtet. Die Kinder wurden erst seit diesem Schuljahr von der Lehrkraft übernommen. Laut Aussage von Frau N. hat es auch mehr als das erste halbe Schuljahr gebraucht, bis die Klasse wirklich im Griff war und nicht aufeinander losgegangen ist - um es in Frau N.'s Worten auszudrücken.

Es gibt spezielle Schüler in der Klasse, die man erst kennen lernen muss. Ein Schüler ist ein kleiner Träumer, weshalb er zum Beispiel oft malen darf und nicht immer alle Arbeitsaufträge befolgen muss, solange er dabei keine

[11] Vgl. Hengartner E./ Hirt U./ Wälti B.: Lernumgebungen für Rechenschwache bis Hochbegabte, natürliche Differenzierung im Mathematikunterricht. Zug 2007. S.143 – 147.

Mitschüler stört. Viele Schüler sind an Einzeltischen verteilt, damit sie keine anderen Kinder beim Lernen beeinträchtigen.

Als Ruhezeichen steht eine sehr kleine Klangschale am Lehrerpult, andere Rituale kennen die Schüler in diesem Sinne nicht. Es gibt kein Belohnungs- oder Bestrafungssystem.

Seit Sonntag der Woche, in der ich am Donnerstag meine Unterrichtsstunde halte, ist die Praktikumslehrkraft für ungefähr drei Wochen erkrankt. Aus diesem Grund herrscht seit Montag ein kleines Durcheinander durch viele Lehrerwechsel und keinem, der so richtig die Übersicht behält. Zum größten Teil hat eine mobile Reserve die Stunden bisher übernommen. An dem Donnerstag, an dem ich meine Praktikumsstunde halte, werden nur wir 6 Praktikantinnen anwesend sein. Deshalb ist Struktur und Ordnung wichtig, damit die Schüler keine Zeit bekommen, um sich mit anderen Dingen abzulenken. Die direkte Bezugsperson fehlt an diesem Tag.

Stundenkontext

Die Unterrichtsstunde „Wir erforschen die Zahlenmauer" wird in der dritten Schulstunde gehalten. Aus diesem Grund muss damit gerechnet werden, dass die Schüler etwas mehr Zeit am Anfang brauchen, da sie aus der Pause kommen und ihre Brotzeit noch wegpacken müssen. Des Weiteren ist die dritte Stunde verkürzt, sie beginnt offiziell um 9:50Uhr und endet um 10:30Uhr. Da die Schüler anschließend Sport haben, ist es normalerweise wichtig, dass sie pünktlich aus dem Klassenzimmer kommen, jedoch hat Frau N. mit der Sportlehrkraft vereinbart, dass ich 5-10 Minuten länger machen dürfte.

Diese Zeit wird wahrscheinlich auch benötigt, da es sich bei der Stunde, wie es der Titel schon sagt, um eine Forscherstunde handelt und wie oben bereits erwähnt, Forscherstunden bestenfalls in Doppelstunden behandelt werden. Außerdem wird diese Stunde auch in keiner Sequenz behandelt, weshalb auch eine Warmrechenphase benötigt wird.

Die Schüler haben bisher noch keine Erfahrungen in dieser Art von Unterricht gesammelt, weshalb im Allgemeinen sehr schwer einschätzbar ist, wie die Stunde verlaufen wird. Wichtig ist also, dass sie indirekt durch Hilfestellungen immer wieder angeleitet werden und den Schwerpunkt nicht auf das Rechnen selbst zu legen. Man sollte langsam vom Rechnen in das allgemeine Betrachten und

Vergleichen überleiten. Schwächere Kinder sollten in diesem für sie persönlich neuen Aufgabenformat immer etwas zur Unterstützung haben, damit sie nicht verloren sind.

4. Stundenplanung

4.1 Didaktische Begründungen

Vor Beginn der Stunde werden die Schüler dazu aufgefordert, einen Bleistift, einen Radiergummi, einen blauen, roten und einen gelben Stift aus ihrem Federmäppchen zu holen und danach ihr Mäppchen in die Büchertasche wegzustecken und die Arme zu verschränken. Dadurch soll unnötige Ablenkung durch diverse Gegenstände, die die Schüler in ihrem Mäppchen haben, vermieden werden.

Die Stunde wird im Allgemeinen von der gemalten Detektivin namens Paula begleitet. Durch die Motivation mithilfe dieser Figur, soll das Interesse und die Aufmerksamkeit geweckt werden. Die Lehrkraft weißt hier schon darauf hin, dass die Schüler schon gut rechnen können und sie deshalb gemeinsam mit Paula auch einmal hinter so eine Aufgabe schauen dürfen. Im anschließenden stummen Impuls wird nun die Tafel aufgeklappt und eine leere Zahlenmauer erscheint. Hier sollte erwähnt werden, dass bewusst eine Zahlenmauer ohne Zahlen (in der Vorviertelstunde) angeschrieben wurde. Gründe hierfür sind zum einen wieder die Schwerpunktsetzung des Allgemeinen und nicht des konkret Mathematischen und zum anderen soll hier vermieden werden, dass voreilige Schüler schon Ergebnisse reinrufen.

An dieser Stelle wird begonnen, die Überschrift zu entwickeln um richtige Schülerantworten auch gleich festzuhalten und Spannung zum Stundenthema hin zu steigern.

Die Einsicht in die Notwendigkeit der Begriffe *Grundsteine* und *Decksteine* soll vom Schüler selbst erfolgen, ebenso wie die Bildung der Begriffe, damit sie die Kinder leichter merken können. Außerdem werden darauffolgend in der Wiederholungsphase die Begriffe schon benutzt, wodurch sie verfestigt werden sollen. Die Kinder sollen die Grundsteine der Mauer selbst eintragen, damit sie aufmerksam bleiben und zeigen können, dass sie nun wissen, was unter einem Grundstein zu Verstehen ist. Nun wird kurz gerechnet und dabei erklärt, wie man auf die Ergebnisse kommt.

Daraufhin folgt die Erarbeitungsphase, die mit einem klaren Arbeitsauftrag beginnt. Wichtig hierbei ist zu erwähnen, dass sie Hinweise im Klassenzimmer finden können. Somit soll jeder Schüler für sich entscheiden, ob er nun eine Hilfestellung braucht. Außerdem ist dadurch auch gegeben, dass die Schüler selbstständig nach ihrer Geschwindigkeit arbeiten können. Würde der Lehrer die Hinweise allgemein geben, wären die Schüler zum Teil noch nicht soweit und sie jedem Schüler einzeln mitzuteilen, lässt sich schwer organisieren. Hier findet eine Art von natürlicher Differenzierung statt. Anfangs wird auch schon differenziert, indem die Schüler selber entscheiden können, ob sie noch etwas Zeit zum Warmrechnen brauchen. Gleichzeitig werden dadurch schwächere Schüler durch machbare Aufgaben zum Fortschreiten motiviert.

Ab hier soll selbstständiges und verantwortungsbewusstes Arbeiten erfolgen, die Lehrkraft gibt individuell Hilfsimpulse, falls nötig. Die Schüler sollen erst einmal für sich alleine ausprobieren, wie weit sie kommen.

Während der Erarbeitungsphase werden die Zweitklässler kurz gesammelt um letztendlich einige in die Du-Phase zu bringen. Bei der Unterbrechung soll herausgefunden werden, wer alleine gut klar kommt und wer starke Probleme hat und deshalb besser in eine Gruppe gehen darf. Außerdem werden die Schüler hier wieder auf einen relativ gleichen Stand gebracht, indem die Ergebnisse zu den vorhandenen Kombinationsmöglichkeiten der Grundmauer verglichen werden. Hat hier ein Schüler keine richtigen Decksteine herausgefunden, kann er auch die weiteren Fragen schwer beantworten. Außerdem haben die Schüler, wie in den pädagogischen Vorüberlegungen erwähnt, noch keine Erfahrung mit Forscheraufgaben, weshalb sie somit noch etwas angeleitet und begleitet werden.

Es wir immer wieder Material angeboten, auf das durch die Forschertipps in Form von Paulas Hilfestellungen, die im Klassenzimmer (wie oben schon erwähnt) verteilt wurden, hingewiesen wird. Dadurch kann jeder für sich entscheiden, ob er dieses Material benötigt, oder ob er es auch ohne schafft. Somit wird variiert zwischen der ikonischen und symbolischen oder der enaktiven Ebene für schwächere Kinder. Dieses Material sind zum Beispiel Zahlenkärtchen für die Aufgabe eins, damit die Schüler durch legen eine bessere Übersicht, der Kombinationsmöglichkeiten der Grundsteine bekommen. Außerdem werden farbige Zahlenplättchen für die letzte Aufgabe angeboten, um auch hier das Darstellen durch Auslegen zu erleichtern.

Abschließend dürfen die Kinder in der Wir-Phase ihre Ergebnisse den Mitschülern vortragen. Hierbei ist es wichtig zu betonen, dass nicht alle gleich weit gekommen sind und auch nicht alle die gleichen Ziele erreicht haben müssen.

Die Reflexion ist dafür da, dass Schüler ihren ersten Eindruck eines solchen Aufgabenformats äußern können. Für mich als Lehrkraft ist es hier auch wichtig, dass die Kinder auch ihre Probleme und Schwierigkeiten mitteilen können, damit ich zukünftig eventuell auch darauf achten kann, hier vielleicht noch etwas mehr Hilfe anbieten zu können.

4.2 Lernintentionen

Das Besondere bei Forscherstunden ist, dass nicht alle Schüler die gleichen Ziele erreichen müssen. Jeder einzelne entdeckt auf seine Weise bestimmte Teilziele. Diese Unterrichtsform ist sowohl in der Vorgehensweise der Schüler, als auch im Erreichen der Ziele weit geöffnet. Deshalb sind unter den folgenden Lernintentionen auch *-Ziele, die nur von den stärkeren Schülern erreicht werden sollten.

Grobziel:
Die Schülerinnen und Schüler sollen die Forscheraufgabe bezüglich der Zahlenmauer lösen und dabei Problemlösestrategien entwickeln.

Inhaltsbezogene Kompetenzen:

- Die Schülerinnen und Schüler sollen das kleine Einspluseins trainieren und vertiefen.
- Die Schülerinnen und Schüler sollen durch Variieren der Reihenfolge der Grundsteine einen Einblick in die Kombinatorik bekommen.

Prozessbezogene/Allgemeine Kompetenzen

- Die Schülerinnen und Schüler sollen Problemlösestrategien entdecken und anwenden. (Problemlösen)
  →Bedeutung des mittleren Grundsteins erkennen.
  →Herstellen einer Ordnung bei Kombination der Grundsteine um alle sechs Möglichkeiten zu erhalten.
- Die Schülerinnen und Schüler sollen die Anzahl der vorhandenen Kombinationsmöglichkeiten begründen. (Argumentieren) *

- Die Schülerinnen und Schüler sollen (gegebenenfalls im Austausch mit Mitschülern) erkennen, dass der größte mittlere Grundstein den größten Deckstein und der kleinste mittlere Grundstein den kleinsten Deckstein zur Folge hat. (Kommunizieren)
- Die Schülerinnen und Schüler sollen die Strategien der Mitschüler verstehen und nachvollziehen (Kommunizieren)
- Die Schülerinnen und Schüler sollen die Zusammensetzung des Decksteins begründen (Argumentieren) und mit Hilfe der Punktedarstellung erklären. (Darstellung) *

4.3 Artikulation

Unterrichtsphase	Form	Inhalt	Medien
Motivation	BI LE	L hängt ein Bild einer Detektivin an die TA. L: Das ist Paula. Paula untersucht gerne Matheaufgaben genauer! Rechnen kann sie schon richtig gut! Ihr könnt ja schon auch super rechnen. Paula möchte aber auch wissen, was hinter so einer Matheaufgabe steckt! Heute wollen wir Paula helfen eine ganz besondere Aufgabe genauer zu betrachten.	TA, Bild einer Detektivin (selbst gemalt), Magnet
	Stl	L klappt die TA auf, auf der Innenseite ist eine leere Zahlenmauer zu sehen. Paula wird mit Magneten daneben gesetzt.	TA
	LSG	SS: Ich sehe eine Zahlenmauer! Paula will mit uns Zahlenmauern anschauen!	
	HI	(L: Weißt du auch noch wie das heißt, was man hier sehen kann?)	
	LH	L schreibt das Wort Zahlenmauer an die TA.	Farbige Kreide
Erarbeitung der Fachbegriffe		L: Da habt ihr Recht, Paula ist hier, um mit uns die Zahlenmauer näher zu untersuchen.	
	LF LSG	Weißt du auch noch, wie man da die Lösungen berechnet?	
(Wiederholung)		SS: Ich muss erst links unten die Zahl mit der in der Mitte Plusnehmen und das Ergebnis darüberschreiben. Dann die Zahl rechts unten mit der in der Mitte unten… L: Das hast du gut erklärt! Ist dir aufgefallen, wie schwer es ist, das so zu beschreiben? Wäre doch einfacher, wenn wir die Steine benennen. Kennst du schon Namen für die Steine? SS: … Wenn nicht:	
	HI	L: Die Steine unten stehen auf dem Untergrund, kannst du dir denken, wie ich sie	

	LH	benenne? SS: Grundsteine! L schreibt Grundsteine an die TA. L: Richtig! Und der Stein der oben draufsitzt, der hat auch einen Namen. S: Oberstein?	Kreide
	HI	L: Hmm... Das hört sich etwas komisch an, oder? Fällt dir noch ein anderes Wort ein? S: Deckstein! L: Gut!	
	LH	L schreibt Deckstein an die TA. L: Nun wollen wir schauen, ob du das auch	Kreide
Aufwärmphase	SH	Rechnen kannst! *Name* kommst du bitte vor und schreibst Den Grundstein 13 links an die Tafel. Daneben schreibt *Name* 12 als Grundstein und *Name* schreibt bitte die 5 als rechten Grundstein. SS: Ich kann jetzt ausrechnen: 13 plus 12 ist gleich 15! Das muss ich jetzt darüber schreiben.	
	LH	L: Gut! L trägt Ergebnis ein. S: 12 plus 5 ist gleich 17. Das schreibe ich neben die 15. L ergänzt die Zahl 17. S: Jetzt muss ich 15 plus 17 rechnen, das ergibt 32. 32 ist unser Deckstein.	
	LH	L trägt 32 ein.	
Themenstellung	LÄ	L: Sehr schön! Paula euch zugehört und möchte jetzt die Zahlenmauer noch genauer kennenlernen. Was macht man denn, wenn man etwas genauer untersucht? Fällt dir noch ein anderes Wort dafür ein? SS: Wir erforschen etwas.	TA, Kreide
	LH	L: Richtig. L trägt die TA-Überschrift vollständig ein: *Wir erforschen Zahlenmauern*	
<u>Erarbeitung</u>	LÄ/AA	L: Du musst jetzt genau zuhören, damit du die Aufgabe auch verstehst! Schaue dazu zu mir an die Tafel. Du darfst, wenn du möchtest mit der Nummer 1 auf dem Arbeitsblatt beginnen und dich ein bisschen warmrechen! Ich schaue dann gemeinsam mit den Studentinnen eure Ergebnisse an. Wenn du meinst, du kannst gleich loslegen, dann beginnst du mit Aufgabe 2. Paula hat 3 unterschiedliche Grundsteine, die Zahlen 3, 5 und 8. Jetzt will sie wissen, wie viele Möglichkeiten es gibt, unterschiedliche Zahlenmauern zu bauen. Du hast auf deinem Arbeitsblatt leere Mauern und darfst einmal ausprobieren, wie viele verschiedene Mauern du errichten kannst! Du kannst danach auch schon mit der Aufgabe 3 weitermachen. Du musst nicht immer eine Antwort finden, aber	AB

	    LF SA	versuch es. Wenn du die Klangschale hörst, verschränkst du bitte deine Arme, machst deinen Mund zu und schaust zur TA. Kann jemand wiederholen, was du tun musst? SS: … L: Gut aufgepasst! Einen Tipp habe ich noch für euch:	
	LÄ	L: Paula hat sich auch schon viele Gedanken gemacht und hat deshalb zu jeder Aufgabe auch Hinweise im Klassenzimmer versteckt. Wenn du diese Hilfe benötigst, darfst du zur passenden Nummer gehen! Die Nummer steht in Klammern hinter der Frage.	
ICH-Phase	SH LH	L: Gut. Der Austeildienst kommt bitte nach vorne und sobald du dein AB hast, darfst du loslegen. SS teilen AB aus und bearbeiten es. L wischt die Zahlen von der TA. →Leere Zahlenmauer	Schwamm
	HI 1	*Paula: Wenn du Probleme bei den Möglichkeiten hast, darfst du zum Lehrer gehen und die Grundsteine mit Zahlenkärtchen auslegen. Achte dabei auf die Reihenfolge! Versuche eine Ordnung zu finden!* *Wenn ich die 3 in den linken Grundstein schreibe, was können die anderen dann für Zahlen haben?*	Zahlen-Kärtchen Paulakarte
(WIR-Phase)	LH LSG	Wenn alle SS ihre gefundenen Möglichkeiten aufgeschrieben habe: (Klangschale) L: Verrät uns jemand, wie viele verschiedene Möglichkeiten er gefunden hat? S: Ich habe 6 Möglichkeiten gefunden! L: Kannst du auch erklären, wie du auf die Möglichkeiten gekommen bist?	Klangschale
	LH SE	L legt mit Zahlenkärtchen an der TA mit. S: Ich habe mit der 8 in der Mitte angefangen, dann habe ich die 3 links und die 5 rechts geschrieben. Danach habe ich die 8 in der Mitte gelassen und dann links die 5 und rechts die 3 geschrieben. Dann kam die 5 in die Mitte…	Zahlen-kärtchen
	LÄ LF	L: Das hast du toll erklärt! Es ist auch toll, wenn du nur ein paar Möglichkeiten gefunden hast! Wer hatte denn große Probleme bei den Möglichkeiten und bei der nächsten Frage? S geben Handzeichen	
DU-Phase	SH LH	L setzt die schwächeren SS an einen Tisch gemeinsam.	GA

	HI 2 HI 3 HI 4	Evtl. werden ein paar Tische zusammengeschoben. Nun darfst du Dir überlegen, was dir an den Mauern noch auffällt! Überlege dir auch, warum das so ist? Kannst du es begründen? Du darfst dir, wenn du möchtest dazu auch einen Partner zur Hilfe suchen! Alles, was du wissen musst, steht auch auf deinem AB. *Paula: Also wenn ich mir jetzt einmal nur die Decksteine anschaue, dann...* *Ach und dann schaue ich auf die Grundsteine, besonders auf den einen!* *Paula: Ich muss mir einen Grundstein aussuchen und den plus 10 rechnen. Hmm, wenn ich nur einen der äußeren Grundsteine plus 10 rechne, fällt mir was am Deckstein auf! Passiert bei verschiedenen Grundsteinen etwas anderes?* Hilfe für Schwächere evtl schon früher L gibt ihnen anstatt Zahlen, farbige Plättchen für die Grundsteine. *Paula: Frage den Lehrer nach farbigen Plättchen! Lege je ein Plättchen pro Grundstein. Wie schauen dann die Steine darüber aus? Wie viele Plättchen liegen denn hier? Und wie sieht jetzt Deckstein?*	PA Paulakarte Paulakarte Farbige Plättchen rot, blau, gelb Paulakarte
Sicherung WIR-Phase	LH LÄ LGS	L schlägt Klangschale an. L: Ich habe schon gesehen, was für tolle Sachen jeder von euch herausgefunden hat! Es ist auch gar nicht schlimm, wenn du nicht bei jeder Frage eine Antwort gefunden hast! Paula ist schon richtig überwältigt von euren vielen tollen Ideen und Hinweisen. Sie hat auch immer zugehört und mitgeforscht! Kann jemand erklären, was ihm Besonderes am Deckstein aufgefallen ist? SS: Der Deckstein ist am größten, wenn ich die größte Zahl in der Mitte als Grundstein habe und am kleinsten bei der kleinsten Zahl. Und wenn ich dann den gleichen mittleren Grundstein habe und nur die Zahlen links und rechts vertausche, bleibt der Deckstein gleich! L: Das habt ihr ja super entdeckt! Könnt ihr das auch erklären? SS: Also ich muss den Mittelstein ja zweimal plusnehmen, einmal mit dem linken und einmal mit dem rechten Grundstein. Dann hab ich den mittleren Stein ja immer öfter im Deckstein, als die anderen! L: Das ist richtig! Wir können das auch allgemein zeigen.	Klangschale

	LH,	Kannst du jetzt auch erklären, wie meine Zahlenmauer ausschaut, wenn ich als Grundsteine keine Zahlen, sondern diese farbigen Kreise habe? L hängt pro Grundmauerstein einen farbig gemalten Kreis hin. SS: Ich muss ja den mittleren Grundstein plus den linken machen, also hängen dann ein roter und ein gelber Kreis darüber! L: Genau, du darfst uns das auch mit deinem Partner oder deiner Gruppe an der Tafel erklären! Hier findest du die farbigen Kreise!	Magnete Pro Farbe 5 farbige Kreise (rot, blau, gelb)
	SH, SE	L gibt SS die Kreise und Magnete. SS erklären ihrer Klasse, was sie entdeckt haben! Es entsteht eine allgemeine Form als Tafelbild.	
Reflexion	LÄ LH LÄ LF SÄ	L: Da Paula jetzt so viel Neues über die Zahlenmauern gelernt hat, muss sie wieder gehen und sich alles aufschreiben. Vielleicht kommt sie euch ja noch einmal besuchen! L klappt die TA zu L: Wir gehen einmal alle gemeinsam in einen Stehkreis. Gibt es etwas, was dir heute besonders leicht gefallen ist? Oder gab es etwas besonders schweres? SS erzählen kurz von ihren Erfahrungen.	Stehkreis

4.4 Tafelbild

Tafelbild 1:

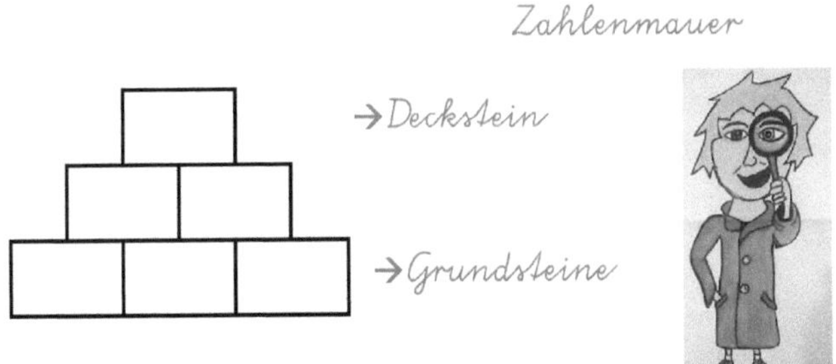

Tafelbild 2

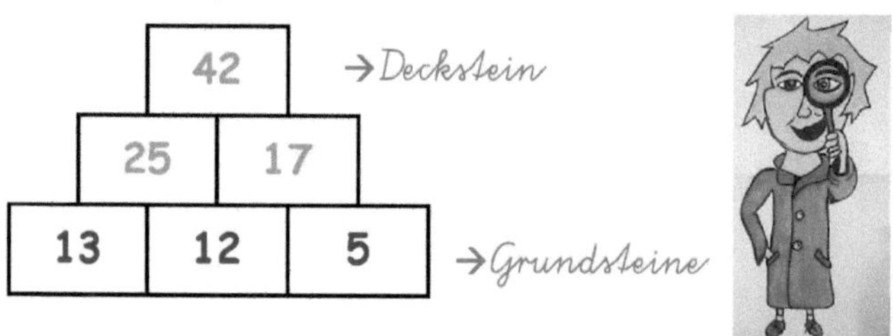

Tafelbild 3

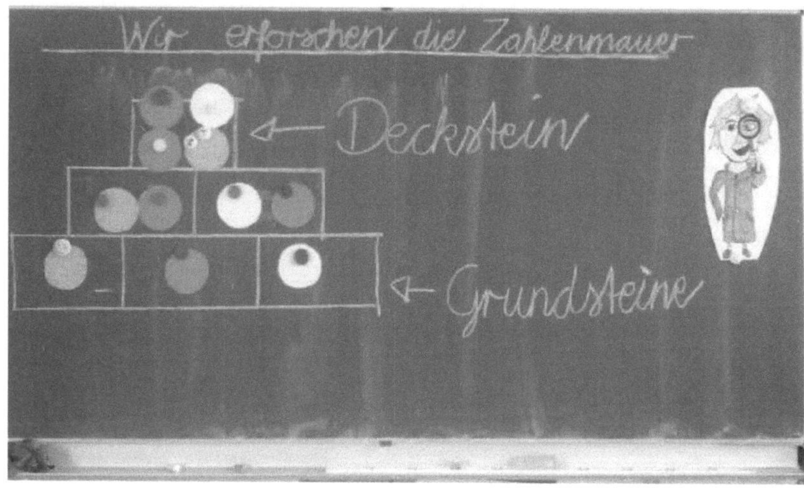

5. Resumée

Im Großen und Ganzen ist die Unterrichtsstunde nicht schlecht gelaufen. Im Rückblick muss ich aber aus meiner Sicht sagen, dass diese bisher die schlechteste meiner gehaltenen Stunden war. Im Voraus war mir klar, dass es zeitlich unmöglich ist, den Inhalt in einer einzigen Unterrichtsstunde zu behandeln. In dieser Hinsicht war es wirklich nur ein Versuch, da ich vor allem auch mich selber bezüglich spontanem Handeln testen wollte. Positiv betrachtet lernt man natürlich am meisten von dieser Art von Stunden.

Dass die Stunde im Allgemeinen aber nicht für mich zufriedenstellend verlaufen ist, lag zum einen wahrscheinlich daran, dass die Zweitklässler seit Wochenanfang keine feste Bezugsperson mehr hatten und von unterschiedlichen Vertretungslehrkräften unterrichtet wurden, da die Praktikumslehrkraft erkrankt war. Dadurch waren sie, unter anderem auch wegen des sehr guten Wetters, am Donnerstag selber sehr unruhig. Des Weiteren ist eine Forscherstunde sehr anspruchsvoll, weshalb sie einiges an Konzentration der Schüler fordert, die durch das Durcheinander in den vorherigen Stunden des Tages aber auf der Stecke blieb. Dazu kam noch, dass diese Unterrichtsform für die Schüler eine vollkommen neue Erfahrung war.

Durch das Fehlen der Praktikumslehrkraft fehlt mir das Feedback ihrerseits. Die anderen Studentinnen haben aber fleißig mitgeschrieben und konnten mir einige Tipps geben.

Gelobt wurden meine Lehrersprache und mein Verhalten. Ich habe Rituale, wie beispielsweise die Klangschale als Ruhezeichen, gut eingesetzt. Außerdem durch Flüstern versucht, die Kinder zur Ruhe zu bringen und deren Aufmerksamkeit zu bekommen. Einzelne, besonders unruhige Schüler habe ich die Arbeitsaufträge wiederholen lassen. Weiteres Lob bekam ich dafür, dass ich auf Schülerantworten immer wieder eingegangen bin und spontan versucht habe, durch Impulse die passende Antwort zu bekommen. Kritisiert wurde, dass ich anfangs nicht lange genug gewartet habe, bis sich die Unruhe von selbst legt.

Inhaltlich wurde das bereitgestellte und zum Teil selbstgebastelte Material gelobt. Außerdem waren die Studentinnen begeistert von der Idee, dass die Detektivin die Zweitklässler durch die Forscheraufgabe begleitet und zum Teil durch Tipps unterstützt hat. Hier muss ich aber sagen, dass die Praktikantinnen begeisterter schienen als die Kinder, was mich persönlich negativ überrascht hat, da ich dachte, dass diese Motivation mehr Aufmerksamkeit der Schüler einbringt. Weiteres Lob bekam ich dafür, dass ich die Begriffe wie Zahlenmauer, Grundstein oder Deckstein nicht vorgegeben habe, sondern gewartet habe, bis sie durch passende Impulse von den Zweitklässlern kamen.

Eine Praktikantin gab mir den Hinweis, dass ich zukünftig die Forschertipps nicht mehr im Klassenzimmer aushängen sollte, da die Kinder ohne Nachzudenken oder die Aufgabe zu lesen, zu den Tipps gelaufen sind. Dabei war dies eigentlich als natürliche Differenzierung gedacht, da die Lehrkraft nicht bei allen 22 Kindern gleichzeitig sein kann um ihnen passende Hilfestellungen zu geben. Außerdem können die Kinder somit für sich selbst entscheiden, ob sie die Hilfe wirklich in Anspruch nehmen wollen. Als Alternative hätte man trotzdem als Lehrkraft versuchen müssen, den Schülern individuell zu helfen.

Des Weiteren ist der Arbeitsauftrag etwas schwer formuliert, da die Forscherbedeutung darin untergeht. „Wenn du meinst, du kannst gleich loslegen, dann beginnst du mit Aufgabe zwei,…" könnte die Schwächere dazu bringen, die eigentlich benötigte Warmrechenaufgabe eins zu überspringen, da sie sich nicht schlecht machen wollen. Besonders bei einigen Kindern ist aufgefallen, dass sie noch massive Probleme haben, im Dreißigerraum zu rechnen, weshalb sie aufgrund von Rechenfehlern in Aufgabe zwei, keine Entdeckung in Aufgabe drei machen konnten. Zur Aufgabe zwei, der Frage nach der Anzahl an Kombinationsmöglichkeiten von drei verschiedenen Grundsteinen, hatte ich mehr leere Zahlenmauern abgedruckt, als wirklich gebraucht werden. Somit wollte ich die Lösung nicht indirekt vorgeben, jedoch hätte ich bei der Formulierung des Auftrags „Ich weiß gar nicht, ob du alle brauchst…" anhängen müssen. Denn viele Schüler waren verwirrt, als sie bereits alle sechs Möglichkeiten hatten und noch zwei leere Zahlenmauern zu sehen waren. Der Frage nach der Anzahl der Möglichkeiten erwartet ein festes Ergebnis, besser wäre der Forscherauftrag „Baue möglichst viele verschiedene Zahlenmauern!" gewesen

Die Frage nach der Anzahl der Kombinationsmöglichkeiten der Grundsteine und eventuell noch eine passende Begründung, warum das alle sein müssen, hätte für diese Forscherstunde gereicht. Inhaltlich war die Stunde mit zu vielen

Teilaufgaben überladen. Besser wäre gewesen, wenn vielleicht eine weitere Praktikantin diese Forscheraufgabe in einer anderen Stunde weitergeführt hätte und dann zu den Besonderheiten des Decksteins gekommen wäre. Allerdings muss ich dazu sagen, das ungefähr acht Schüler die Aufgabe eins nach wenigen Minuten problemlos gelöst hatten. Für diejenigen hätte man sich dann zur Differenzierung bereits eine weiterführende Aufgabe überlegen müssen.

Die Frage danach, ob wirklich alle Möglichkeiten gefunden wurden ist sehr schwer zu beantworten, weshalb sie als Sternchenaufgabe gekennzeichnet werden könnte. Dadurch würde sich der etwas holprig klingende Teil des Arbeitsauftrags, dass man Aufgaben überspringen darf, erledigen. „Wie bist du vorgegangen?", wäre noch eine passende, leichter zu beantwortende Aufgabenstellung sein können.

Hätte man die Stunde nun nur zu dem Schwerpunkt Möglichkeiten von unterschiedlichen Zahlenmauern mit den gleichen Grundsteinen aufgebaut, dann hätte man schließlich, nachdem die Schüler selbst versucht haben, möglichst viele zu finden, sie in Gruppen aufgeteilt. Als Material hierfür wären Blätter mit beliebig vielen unausgefüllten Zahlenmauern geeignet. In den Gruppen hätten sie nun in Zusammenarbeit versucht, wirklich alle möglichen aufzuschreiben und sie dann zu ordnen. Abschließend würden die einzelnen Ergebnisse auf der Tafel festgehalten werden. So wäre die Überschrift der Forscherauftrag „Baue möglichst viele verschiedene Zahlenmauern" gewesen. Darunter hätte man nun die sechs möglichen geordnet zusammengetragen.

Abschließend möchte ich sagen, dass ich im ersten Moment nach der Stunde ziemlich enttäuscht und vor allem auch ausgelaugt war. Letztendlich habe ich bezüglich des Aufbaus von Forscherstunden sehr viel dazu gelernt. Auch wenn man in Vorlesungen schon theoretisch besprochen hat, wie so eine Unterrichtsform verlaufen sollte, ist es noch einmal etwas ganz Neues und vor allem auch anderes, dies praktisch in einer bestimmten und vor allem unerfahrenen Klasse zu realisieren. Man muss sich vorher wirklich genau mit den Schülern befasst haben, um zu wissen, was man von ihnen erwarten kann. Als Praktikantin war mir dies leider kaum möglich.

6. Literaturverzeichnis

Bezold, A.: Förderung von Argumentationskompetenzen durch selbstdifferenzierende Lernangebote. Eine Studie im Mathematikunterricht der Grundschule. Hamburg 2009.

Hengartner E./ Hirt U./ Wälti B.: Lernumgebungen für Rechenschwache bis Hochbegabte, natürliche Differenzierung im Mathematikunterricht. Zug 2007.

Lehrplan für die bayerische Grundschule (2000), Kapitel III, Fachlehrpläne, Mathematik, Jahrgangsstufe 1/2.

http://www.lehrplanplus.bayern.de/fachprofil/grundschule/mathematik, aufgerufen am 29.05.2014.

Nührenbörger, M./Verboom, L.: Mathematikunterricht in heterogenen Klassen im Kontext gemeinsamer Lernsituationen, Modul G 8: Eigenständig lernen – Gemeinsam lernen. Aus SINUS-Transfer Grundschule Mathematik. Kiel 2005.

Padberg, F: Didaktik der Arithmetik für Lehrerausbildung und Lehrerfortbildung. München 2007.

PowerPointPräsentation des Begleitseminars

Schwarz, W.: Didaktik der Arithmetik in Primarstufe und Orientierungsstufe, Fachdidaktischer Hintergrund und Materialien für den Unterricht in den Klassen 1 bis 6. Wuppertal 1999.

7. Anhang

1) Arbeitsblatt: Vorderseite und Rückseite

Name: ______________________ Datum: ____________

Wir erforschen Zahlenmauern

1. Berechne zur Wiederholung!

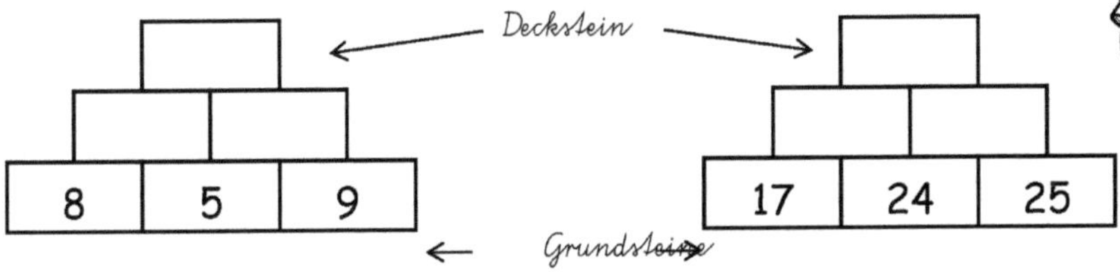

Deckstein

8	5	9

17	24	25

Grundsteine

2. Wir haben die Grundsteine 3, 5 und 8. Wie viele verschiedene Zahlenmauern kann ich bauen? Probiere! (Paula 1)

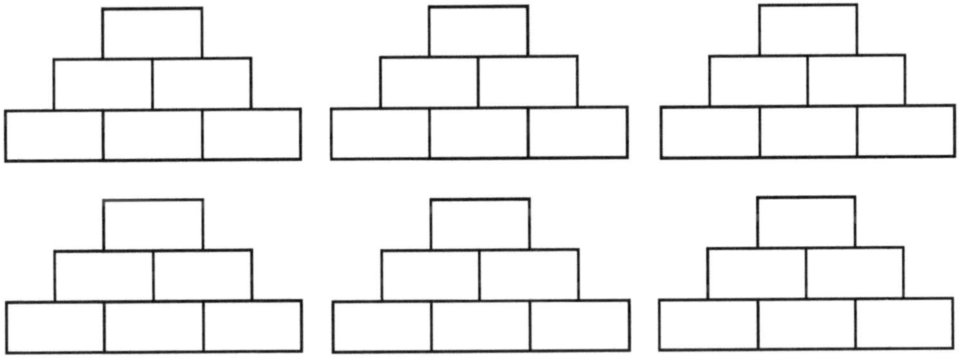

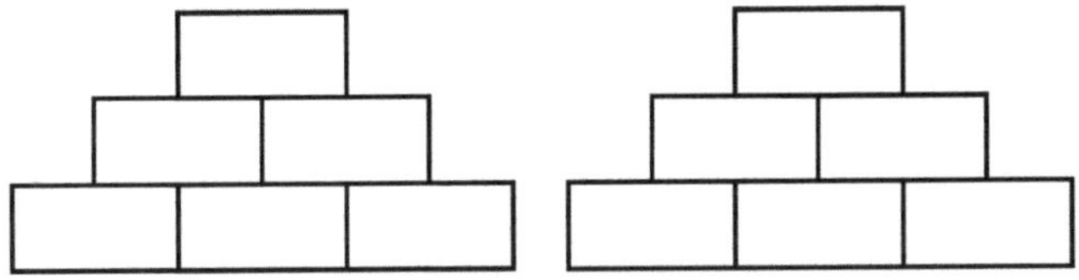

Es gibt ☐ Möglichkeiten!

Bist du dir sicher, dass du alle Möglichkeiten gefunden hast? Warum?

3. Fällt dir bei den Möglichkeiten etwas auf? Was? Warum ist das so? (Paula 2)

Aufgabe 4 ist auch eine Hilfe zur 3. Aufgabe!

4. Was passiert denn, wenn ich einen Grundstein plus 10 rechne? Probiere aus!
(Paula 3)

Kannst du das erklären?

5. Vielleicht kannst du eine Zahlenmauer jetzt auch allgemein darstellen?

Verwende für die Grundsteine je einen farbigen Kreis

(blau, rot, gelb), wie geht es dann weiter?

(Paula 4)

2. Paulas Tipps

Paulas Tipp 1

Wenn du Probleme bei den Möglichkeiten hast, darfst du zum Lehrer gehen und die Grundsteine mit Zahlenkärtchen auslegen.

Achte dabei auf die Reihenfolge! Versuche eine Ordnung zu finden!

Wenn ich die 3 in den linken Grundstein schreibe, was können die anderen dann für Zahlen haben?

Paulas Tipp 2

Also wenn ich mir jetzt einmal nur die Decksteine anschaue, dann...

Ach und dann schaue ich auf die Grundsteine, besonders auf den einen!

Paulas Tipp 3

Ich muss mir einen Grundstein aussuchen und den plus 10 rechnen.

Hmm... wenn ich nur einen der äußeren Grundsteine plus 10 rechne, fällt mir was am Deckstein auf! Passiert bei verschiedenen Grundsteinen etwas anderes?

Paulas Tipp 4

Frage den Lehrer nach farbigen Plättchen!

Lege je ein Plättchen pro Grundstein.

Wie schauen dann die Steine darüber aus? Wie viele Plättchen liegen denn hier? Und wie sieht jetzt der Deckstein aus?

3. Plättchen zur Unterstützung des Darstellens auf enaktiver Ebene für die Schüler

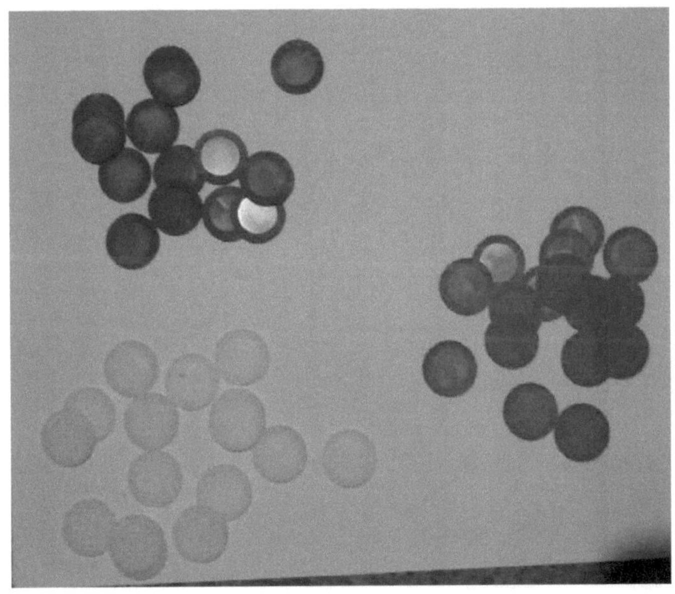

4. Farbige Kreise zur Darstellung an der Tafel

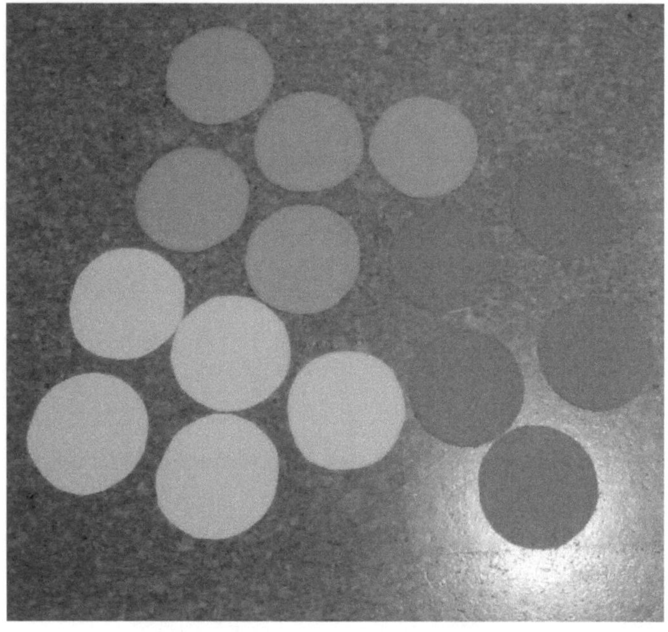